名家设计
速递系列

住宅设计

FAMOUS DESIGN EXPRESS SERIES
RESIDENTIAL

◎ 北京大国匠造文化有限公司 编

中国林业出版社

图书在版编目（ＣＩＰ）数据

名家设计速递系列. 住宅设计 / 北京大国匠造文化有限公司编. -- 北京：中国林业出版社, 2018.6

ISBN 978-7-5038-9589-0

Ⅰ.①名… Ⅱ.①北… Ⅲ.①住宅－建筑设计－图集 Ⅳ.①TU206

中国版本图书馆CIP数据核字(2018)第119650号

中国林业出版社·建筑分社

策　　划：纪　亮
责任编辑：纪　亮　王思源　樊　菲
装帧设计：北京万斛卓艺文化发展有限公司

出版：中国林业出版社
（100009 北京西城区德内大街刘海胡同7号）
网站：http://lycb.forestry.gov.cn
电话：（010）8314 3518
发行：中国林业出版社
印刷：北京利丰雅高长城印刷有限公司
版次：2018年6月第1版
印次：2018年6月第1次
开本：1/16
印张：6.25
字数：100千字
定价：99.00元

目录
CONTENTS

画框里孔雀	002
游戏	008
写意·木构	012
静·候	016
江山汇	020
素净	024
山水人家	028
一个插画师的阿那亚小院儿	032
复地上城	038
静观	044
住宅2306	048
协信·天骄公园	052
微风徐来	056
灵·光——晨朗东方花园	060
浓情墨意	064
千灯湖一号私宅	068
墨舍|1701	072
追忆伊斯坦布尔	076
都市森林	080
新中雅韵	086
刘宅	090
一闲居	094

FAMOUS DESIGN EXPRESS SERIES
RESIDENTIAL

Residential
住宅公寓

画框里孔雀

项目名称_画框里孔雀 / **主案设计**_李帅 / **项目地点**_北京市延庆县 / **项目面积**_200平方米 / **主要材料**_水晶砖金属板

当地有百鸟节习俗，故选用百鸟之王孔雀为设计主题，将孔雀羽毛的几种蓝色、绿色以及紫色蔓延到各个空间及设计细部。室内外尽可能保留老建筑的原始风貌沧桑美，比如木梁结构、灰瓦屋檐等，在此基础上将之前的老木格窗改为落地窗解决采光问题，将淋浴、浴缸等现代化设备移植到室内，满足都市人生活习惯。

院落设计保留了原院子内的梨树，巧妙地用圆形金属板与之融合，使之成为一个遮阳观景平台。西院设有时尚的水晶砖水吧台，满足使用功能同时增加时尚元素。东院为下凹式烤火区，结合餐厅二层露台让整个院子更有层次感。水晶砖金属板突出乡村现代感，实施煤改电政策的电地暖无污染。整体设计以时尚为主基调，凸显乡村美的同时又满足了高品质生活需求。

项目吸引众多民宿主及演艺明星参观体验。

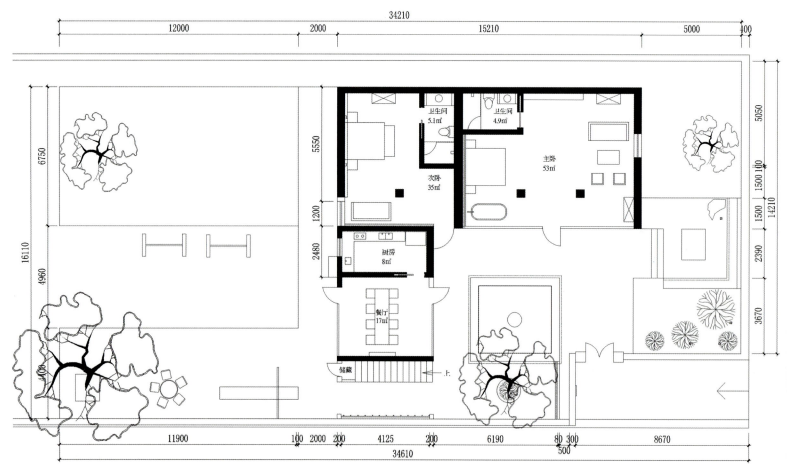

平面图

项目名称_ 游戏/**主案设计**_ 方信原/**参与设计**_ 洪于茹/**项目地点**_ 中国台湾/**项目面积**_180平方米/**主要材料**_ 富有东方色彩及肌理表现的壁纸

整体空间氛围如同高低音符的编排，呈现出一首轻快但富有音律变化的曲目。低调质朴的素材和细腻工艺的碰撞，淡淡地展现出低度设计中的奢华表现。而粗糙的水泥质感，诉说着一种不完美中的完美，那份精神层面中呐喊的渴望。

开放空间中，两处大小直径不同的大圆斗，由楼板穿透而下，成为空间里的大型装置艺术，传达出东方文化精致层面的美感，亦加深空间张力的冲突性及视觉的震撼感。无论由上而下，或由下而上，都形成了强烈的视觉感官刺激。同时结合灯光设计，提供照明的使用机能。一大一小圆斗造型和壁面圆形内凹结构的时间指针，所形成倒三角画面的构图，使得元素的运用，立体而有趣味。空间结构中出现的盒体及圆斗，分别传达出不同寓意：方形盒体，笔直利落的线条，传递着代表西方科学的理性思维；大圆斗的运用，东方人文精神中圆满之寓意，自不在话下。东西元素的交融汇集，于此展开和谐的对话。

家具家饰的搭配，多样貌的使用方式，给予现代居所新的定义。光是照明，亦是指引及标示。透过光的指引，引领视线进入简易且充满东方文化中富丽不失优雅的空间。富有东方色彩及肌理表现的壁纸，结合以铜质打造的壁灯，搭配轻快色彩的块状量体，使得空间呈现轻快、雅致、舒适的氛围。

平面图

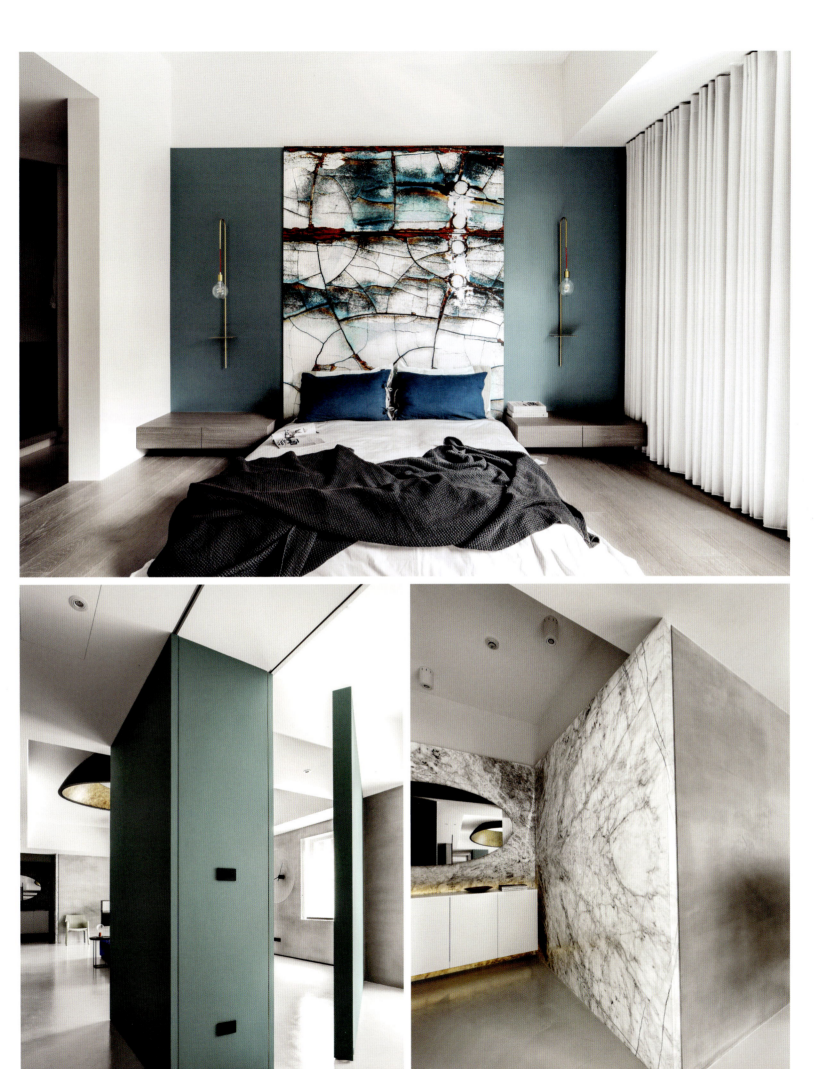

写意·木构

项目名称_写意·木构／**主案设计**_张瑞／**项目地点**_湖南省长沙市／**项目面积**_140平方米／**主要材料**_拆房旧木材、水泥砖、白色乳胶漆、磨砂面铜板

老房子旧了，拆了；时间，让木头旧的很好看；灰砖、白墙、老木头；传统和当下的生活方式，彼此相生、共存，不将不迎，都说意，要在笔先到；于是拼板选料，架梁构柱，随意而居……

利用拆房子老木材—再次重生—制作新梁柱，融合传统和当下的生活方式，彼此相生、共存的现代中式风格。

尽量减少使用合成材料，充分利用阳光，节省能源，为居住者创造一种接近自然的感觉。

没有多余的装饰构造，空间与自然环境亲和，材料安全健康，让居住者能很好的品味生活。

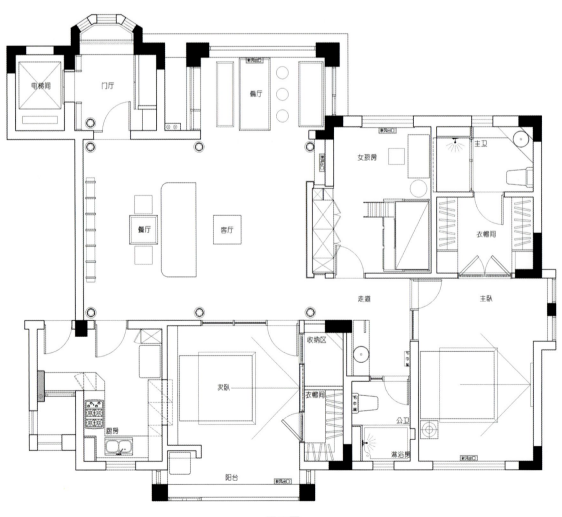

平面图

静·候

项目名称_静·候/主案设计_陈君/项目地点_浙江省温州市/项目面积_185平方米/主要材料_木饰面

本案业主喜欢自由、舒适的现代简约风格。设计师认为简约并不代表着简单,而是把细节提炼后让精华再现,让生活的品质能有更好的体现。

错落与穿插,不同材质的叠加,让空间独立中又有延伸,不失趣味。

公共空间是一个活动自由的大空间。主轴线的格局设计,利用空间之间的穿插、区分和流畅的动线和机能,满足了业主多元化的生活需求,又能很好地表现出空间的视觉扩大化。

白色铁板为隔断,灰色系木地板为背景墙,温润的木饰面应用,低调的材质勾画出现代简约的空间。

本案交付后,业主对本案的效果表示很满意。空间的布局合理而且有新意,不同于以往的设计表现手法,又满足了业主生活的需求。业主在家的日子里,最喜欢在茶室里,泡一壶好茶,和家人一起品茶闲谈。最好的时光就是在温暖的家里和家人促膝长谈。

平面图

江山汇

项目名称_江山汇 / 主案设计_陈书义 / 参与设计_张显婷 / 项目地点_河南省洛阳市 / 项目面积_272平方米 / 主要材料_木质

家居中,玄关是第一道风景,室内和室外的交界处,是具体而微的一个缩影,选用镂空屏风作为玄关隔断,在视觉效果上空间的通透感十足。满墙的置物柜与茶桌的巧妙搭配呈现出一种自然、清新、飘逸的既视感,让人的心境开阔而明朗。代表岭南茶文化的茶具古朴雅致,信手拾起心爱的茶碗,沏一杯清茶,让茶香伴着书香溢满茶室。

对于现代家庭来说,厨房不仅是烹饪的地方,更是家人交流的空间,打造温馨舒适的厨房,一要视觉干净清爽,二要有舒适方便的操作中心,三要有情趣。将混凝土以及木质元素的运用延伸到卧室,色彩层次分明,主调灰色的设计在各个角落散发着灵性,又透露着沉稳的理性。

将工业风的魅力无限放大,书房从陈列到规划,从色调到材质,都表现出雅静的特征。父母房整体采用素雅的色彩,用古风的装饰画做背景墙成为空间亮点,与两侧衣柜的对比带来视觉的张力。

门厅的灯带特别有立体感,电视背景墙的铁架框特别有设计感,客厅休闲椅后面的架子隔断跟灯带配合特别完美。主卧特别好看,双人洗漱台棒极了。

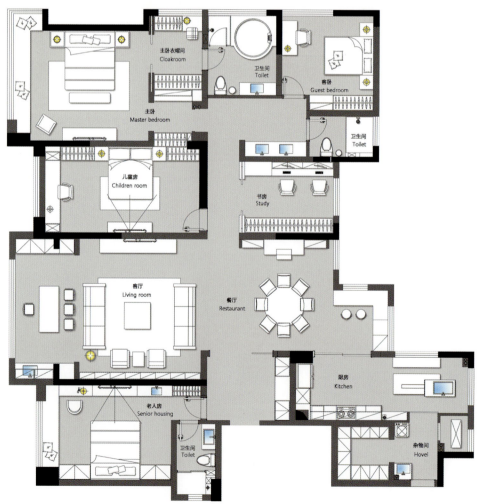

一层平面图

住宅公寓 Residential

素净

项目名称_素净 / **主案设计**_范敏强 / **项目地点**_福建省福州市 / **项目面积**_118平方米 / **主要材料**_环保的素水泥砖、实木饰面、白色水泥漆

生活的意义是追求生命本质的存在感，褪去华丽的外衣，摒除浮夸后，最终回到自我中心的价值，思索自我存在的意义。如何展现具有当代精神却又能透露东方气息之住宅空间是本案切入之重点。

在风格方面，主体上希望能体现现代东方低调沉稳之意境。水墨屏风搭配百叶窗的设计，在保证空间私密性的同时，也令充足的日光能够照耀进室内。对比入门处厚重理性的风格，室内的空间令人豁然开朗。浅色的墙壁和天花之下，是深色的沙发、地毯和桌椅，寓意着沉淀之后不失澄澈的心境。颇具诗性的小元素和纤巧雅致的家具更是令空间平添了一份轻盈的意味。大理石制的电视背景墙与水墨屏风遥遥相对，二者相辅相成，共同打造出空间的禅意。

以客厅为核心，边界环绕着餐厅、厨房、品茶区，虽各自一隅，却又紧密相连，不受局限的生活尺度，视觉延伸使空间更加通透。

在材料的选择上，考虑到健康、安全与节能问题，材料上选用了环保的素水泥砖、实木饰面和白色水泥漆，以简单和低价的材料营造出哲学思辨的文化氛围。

在淬炼的空间里进食，时间也静缓下来，生活回归于远逝的平衡中。

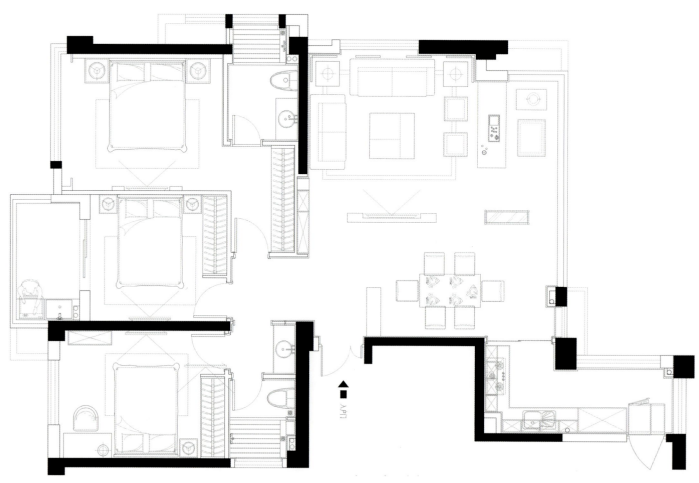

平面图

山水人家

项目名称_山水人家 / **主案设计**_高成 / **项目地点**_浙江省杭州市 / **项目面积**_130平方米 / **主要材料**_钢板、水泥、锈板

一对年轻夫妇的全新生活空间,崇尚放松悠闲的慢生活方式,将居住者喜爱的利落现代风融入时尚工业元素,营造出舒适个性的居家空间。

把厨房、餐厅、客厅、书房全部打通,使整个空间的动线很舒适,布局更通透。开放式的空间布局让光线与空气更加自在流通。电视机背景的"耐候板",锈迹斑驳的表面有种历史的复古感,从而将'时间'这样一个无法捕捉的概念视觉化。石膏像在这个空间中相互呼应,使这个空间不会那么单调。良好的采光使白色的墙面与水泥顶面更加透亮。同时设计师刻意降低了室内的纯度,以素雅柔和的色彩塑造出宁静而清澈的氛围。所有家具线条利落,造型简洁,摆件饰品从木元素、针织品、皮革到金属元素,局部点缀得恰到好处,使空间更加丰满质感。

敞开式的厨房设计,给餐厨空间带来无限的灵动气息,原木的餐桌与白色墙体,形成一种厚重与轻盈之间的平衡美感,吧台上方悬挂着屋主的旅行照片,形成一道背景装饰画,给空间带来"生活味道"。

卧室利用白色与中性木色营造出静谧安宁的睡眠环境,床背景与床头柜融为一体,以简洁的姿态代替了传统厚重的床头柜。大面积的落地窗配上一把单椅,正好可以享受放松悠闲的慢生活时光。

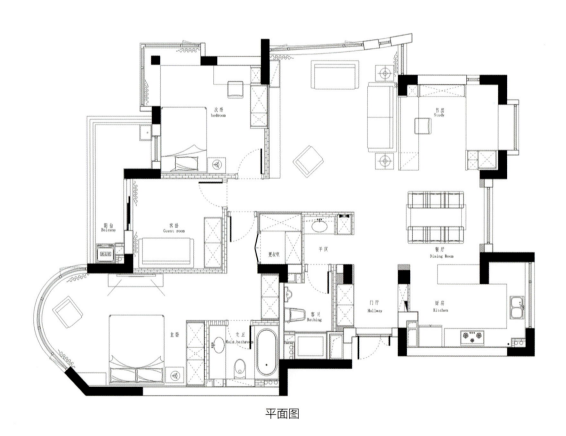

平面图

一个插画师的阿那亚小院儿

项目名称_一个插画师的阿那亚小院儿 / **主案设计**_关天顾 / **项目地点**_河北省秦皇岛市 / **项目面积**_550平方米 / **主要材料**_石材、木作

这片海是北戴河黄金海岸腹地，北中国滨海的度假天堂。无数人曾经驻足凝视过这片海，他们与大海对话，建立起某种心灵上的联系，无关性别，也无关古今，只尊崇内心。

阿那亚就位于这里，在这一片黄金海岸上，在这大片的刺槐林中。这里建立了三联海边公益图书馆，大师手笔的PGA赛事球场、社区马会、礼堂、美术馆和海岸跑道……这是北国之海，度假天堂，一个海边的桃花源与乌托邦。阿那亚推崇"有品质的简朴，有节制的丰盛"，这意味着内心的成熟和自足，不是向外抓取，而是向内探寻；意味着对物质主义的反思，回归简朴生活。在追求设计美学基础上最大限度地保留自然呈现的状态；小院儿结合当代的演绎形式，使其在品质上得到独特的升华；结合艺术的表现手法，遵循"少即是多"的原则，空间大量留白。一个插画师的阿那亚小院儿，主人的生活状态体现了一种生活理念，演绎了一种新的生活方式和一种美学观念。

在阿那亚小院儿设计过程中，硬装方面做减法，软装上做加法。更多的思考会放在对空间功能的整体把握上，使功能之美达到最佳的状态，再结合建筑自身肌理，在硬装上以米白色、灰色及原木色为设计主调，搭配以当代艺术品、绿植等元素，体现空间的极致简约和自然之美。

一层平面图

负一层平面图

复地上城

项目名称_复地上城 / **主案设计**_兰波 / **项目地点**_重庆市渝北区 / **项目面积**_260平方米 / **主要材料**_KD饰面板、黑玻、石材、墙布、木地板

客厅采用开放式的设计手法，黑白作为基调色，金色作为点缀色，提升设计空间的品质感，现代简约的电视背景下面是一个简单的壁炉，烘托出居家的艺术气氛。智能电动窗帘提高居家的科技感和未来感。

室内以质朴的现代简约木条、木质饰面板与硬性的石材玻璃材质结合，大面积的落地玻璃窗，引入户外的自然景观，模糊室内外的界限，向户外延伸。

干净的白色，魅惑的黑色，石纹原色的地板，开阔明亮之际交织着时尚大方的气息，仿佛进入到此空间的人们，都会变得豁然开朗。

二层保留了客户以前的家具，白色的墙布，从一层延伸至二层的木质地板，3D立体墙画及水泥质感的天花，营造了自然、返璞、唯美的生活场景。二层的阳台是非常重要的内外互动空间，采用折叠滑门的设计，打通了内外之间的联系，把室外的自然景观引入室内，大大提升了建筑与自然的艺术性。

顶灯散着温暖的光，让色调明亮和谐的搭配有节奏地嵌入到家中，温润的大理石加上强劲有力的金属边一柔一刚似奏出一曲完美韵律，为业主每晚都能织一好梦。

卧室空间主要以暖灰色系为基调色，黑白为中间过渡色，黄绿为点缀色，让卧室空间充满生机勃勃、积极向上的感觉。

一层平面图

静观

项目名称_静观 / 主案设计_李光政 / 项目地点_江苏省南京市 / 项目面积_276平方米 / 主要材料_原木饰面

诗云:"万物静观皆自得,四时佳兴与人同。"静观万物,人们其实都可以从中获得自然的乐趣。尤其是生活在这个充满浮躁的世界里,质朴、自然则更加具有美感和吸引力。

越来越注重精神世界充实的现代人,愈发想要营造一方可以静处其中、享受生活的舒适私密空间。而现代人文风的纯净氛围,在满足舒适实用的家居使用之外,精致而不张扬、细节考究、质感细腻,它用简简单单的感觉打造出有温度的家,自成一道独特的靓丽风景。

整体空间采用白色墙面线条处理及原木饰面,传递出含蓄而克制的气质,运用空间中自然光影随时变幻的风貌,阐释着生活的禅意。黑白对比产生的视觉冲击力和简约东方的搭配风格,以质朴、宁静和亲近自然的诉求,自然引发对心灵思考的真实感知。

窗前的白色薄纱帘与空间中的竹子等植物相映成趣,散发出一股儿古朴内敛的气息。选用了一些清浅颜色的家具饰品搭配,营造出柔和感,让家立刻有了一种天然的纯净。黑白灰为主色调更能彰显朴素大气之美。家具皆选择了简单而有质感的款式,延伸出颇具优雅的意境。一家人在其中静静享受岁月的怡然自得。

业主喜欢自然、随意的生活方式。空间里自然流露出的人文气息与屋主气质契合无疑,也正反映了屋主对于纯净简约生活的追求。

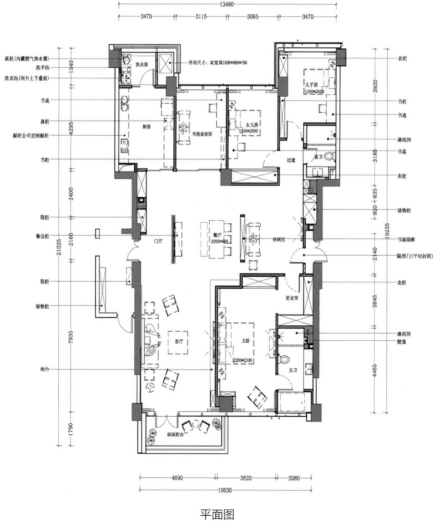

平面图

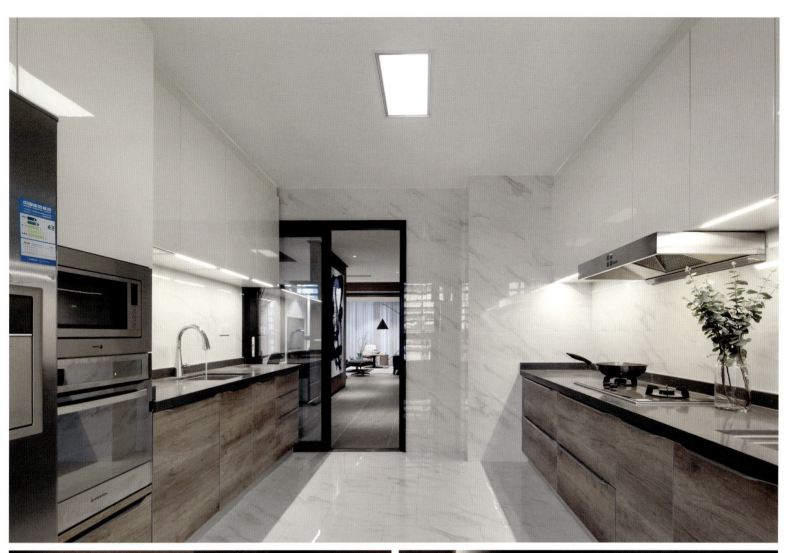

住宅 2306

项目名称_住宅2306 / **主案设计**_卢维涛 / **项目地点**_广东省深圳市 / **项目面积**_68平方米 / **主要材料**_木饰面、木地板、烤漆板（白色）、地砖

一对年轻夫妻，北方人和南方人。在深圳打拼认识，在一起十年。这是他们靠自己努力打拼买来的第一套房子。从事艺术工作，平时工作很忙，经常出差。

本案设计以年轻人的生活方式去做整体规划跟设计效果，用色块跟结构去拉开整体的功能、材质之间的对比，呈现粗糙与细致。

盥洗台与餐桌的结合放在客厅的中间，开放式的整体空间——厨房、客餐厅、书房以及盥洗台，都传达了一种全新的生活方式：下班回家，主人不管是在喝茶、看书还是在做饭、看电视，两人都可以亲密地面对面地沟通，进行无间隔的交流。现在年轻人最欠缺的就是融洽的沟通与交流。

一个68平方的房子，没想到可以通过设计让整个空间感变得大这么多。平时工作忙碌，聚少离多，这个家让业主两个人更亲密无间了。

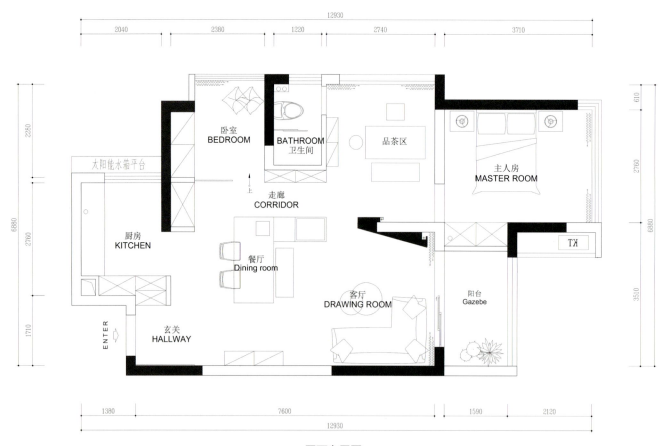

平面布置图

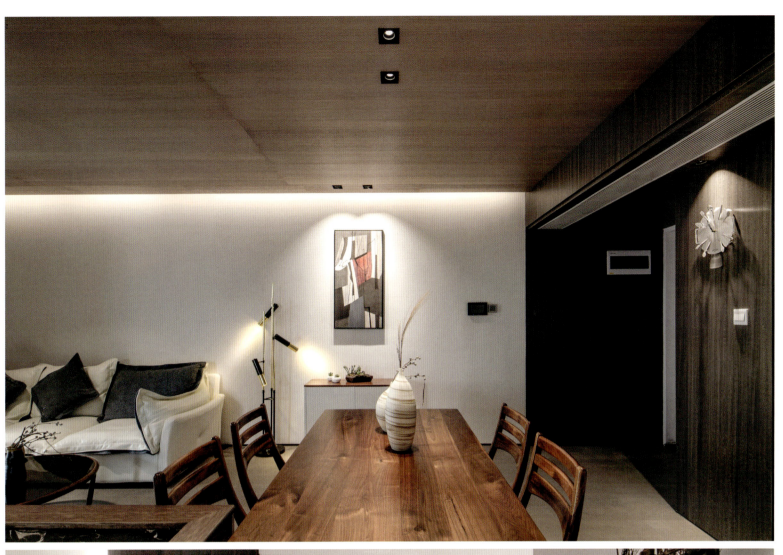

协信·天骄公园

项目名称 _ 协信·天骄公园 / **主案设计** _ 庞一飞 / **参与设计** _ 尹露 / **项目地点** _ 重庆市渝北区 / **项目面积** _ 89平方米 / **主要材料** _ 古堡灰石材、镜面不锈钢、软包、地毯、银镜、夹丝玻璃

典雅而不过度的装饰，摒弃镶金镀银的浮华人生，推崇设计的毫无炫耀，是内在的尊贵，低调的奢华，每一处细节都是感人和温馨的。

设计师将"点"与"面"完美结合，强调时尚、品质与实用的重组，强调创新与传统的融合，是一种简洁、舒适而又不忽略细节的优雅。成为追求奢华精致的品味、钟爱高品质浪漫的生活居住者个性品位的象征物语。

设计摒弃了传统美式的厚重，传承了美式的优雅，又结合了简约和通透的现代风格。"简约大气，雅致内敛"——整个空间都渗透着这八个字所孕育的文化内涵和休闲浪漫的生活态度。

整个空间由点及面给人以开阔的视野和舒适的居住体验，让整个家充满了阳光般的生活格调。

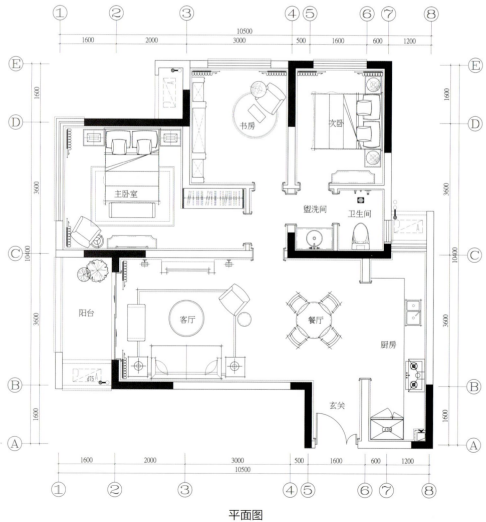

平面图

微风徐来

项目名称_微风徐来 / **主案设计**_尚冰 / **项目地点**_江苏省徐州市 / **项目面积**_140平方米

本案不刻意地描述某种具象的场景或物件，将中国传统家居中清雅含蓄的经典元素，与现代设计手法相结合，将东方文化的美感融入现代生活。

色彩以烟墨色系为主体基调，点缀极具东方传统气质的祖母绿、孔雀蓝、帝国黄。沿袭了各自的优雅高贵，又在结合之余，创造了新的吸引磁场。

餐厅、卧室及衣帽间，为拥有更多的适用储藏空间，都分别采用借墙加柜的做法。根据客户需求，整个空间动线清晰，功能分配合理。

选材上多取舒适、柔性、温馨的材质组合，使空间既保持着宽敞明亮的视觉观感，又铺陈了儒雅温润的氛围。

此作品为客户整个家庭量身打造，客户满意、舒心，同时达到我们最终想要的设计效果，这就是最好的收获。

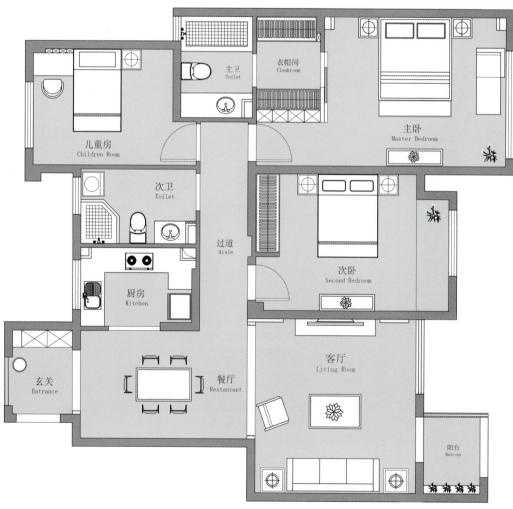

平面图

灵·光——晨朗东方花园

项目名称_灵·光——晨朗东方花园 / **主案设计**_沈烤华 / **参与设计**_潘虹、尤一枫 / **项目地点**_江苏省南京市 / **项目面积**_200平方米 / **主要材料**_木质

拉尔夫·瓦尔多·爱默生曾说过："眼睛是最好的艺术家，光是最好的画家。"越是找寻，光影越是清晰，或者关于过往的某种影像逐渐显现、也可能是未来……像晨钟，这缕光的到达，刺穿黑暗，充盈空间。

闲暇之余，一束光、一壶茶、一本书，可以让人感受到不被干扰的宁静。透过客厅小觑，书房欲掩琵琶半遮面，若隐若现。屋外强烈的光线被客厅的白纱变得无力起来，但却遍照了空间的各个角落，细节多了，画面的情感自然也就丰富起来。

在最雅致的东方文化史里，琴棋书画之外，有个"香"字，就像是文化仪式感的一道引子而存在。但凡人们要进行一些创造性的活动，香都是前戏。那一道缓缓升起的微茫逸气，让内心充满了片刻平静。

每做一个方案，都像是一场仪式，反反复复的琢磨方案、细节和布局，不断地自我推翻和肯定，设计师赋予它的用心，它会反馈于设计师，在作品中画面映射的就是设计者当下的心境，实景呈现凝结的是一种态度和情怀，设计同是修行！业主的生活相当有规制，譬如一早起来，先喝杯橙汁，听一会儿音乐，吃早餐……不徐不疾，每一步完成后，偶尔骑着心爱的摩托车出去撒野。

平面图

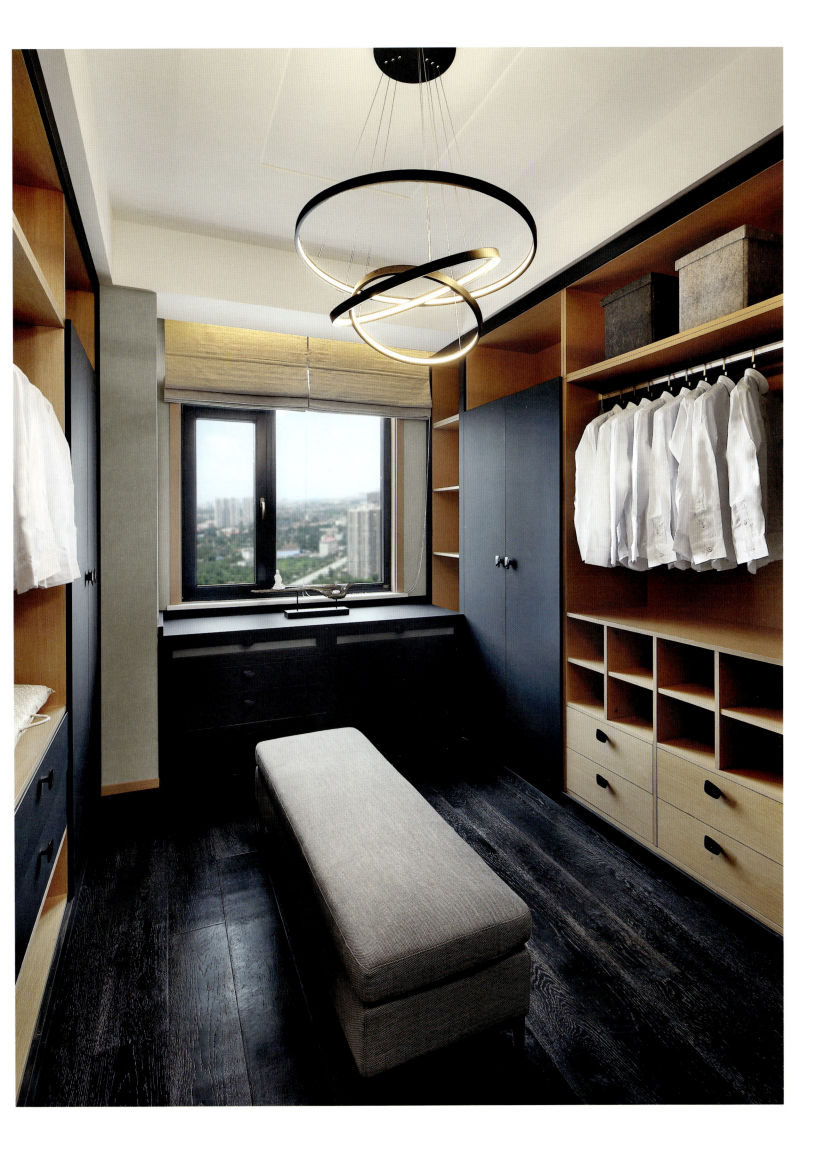

浓情墨意

项目名称_浓情墨意 / **主案设计**_王坤 / **项目地点**_湖北省武汉市 / **项目面积**_290平方米 / **主要材料**_板材

现代中式,以客户为中心!

山水墨意。

居家舒适方便。

工艺上最大化低碳。

布局很好,舒适,实用。

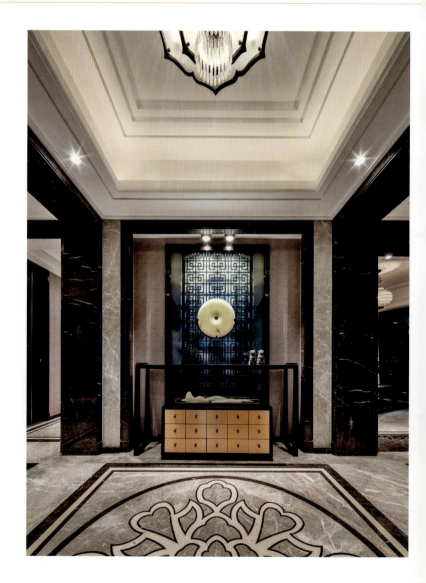

平面图

千灯湖一号私宅

项目名称_千灯湖一号私宅 / **主案设计**_谢法新 / **项目地点**_广东省佛山市 / **项目面积**_280平方米 / **主要材料**_木料

本案屋主有国外留学经历，追求生活品质，家具用品追求美感和实用性的结合，这些鲜明的特质触发了设计师的灵感。他想要以北欧现代风格为主，整体采用蓝、白、灰的色调搭配，偏冷色调。局部用橙色做点缀，为居住者创造纯美简约的氛围。

瞻望客厅，平面格局十分明朗开阔，运用鲜明色彩的饰品和台灯点缀空间，蓝色和橙色是补色关系，橙色与补色相搭配时会给人一种简洁、幽静、平缓的感觉。背墙透过装饰画传达出欧式韵味，以连续性的材料铺陈及适度留白，塑造简洁的空间感受。从客厅朝餐厅放望，装饰线条不显冗赘繁缛。重视物料质感，选材上以物料的亮泽感表达精致性，并配合柔和的间接光源规划，宠爱肤触与视觉的细微感受。陈设部分则用灯饰、蜡烛、植栽以及艺术品来丰润环境气色。餐厅的红色挂画大大提升空间的注目性，使室内空间产生温暖的感觉。卧室格调以棕色为主，而床头的红黄搭配的饰画能带来热烈、兴奋、激情的感觉，大胆使用明丽色彩的抽象画与沉稳的室内风格形成反差。床头背景保留适度的开阔感，满足远观和细赏的动线需求。在照明规划方面，使用吊灯，辅以局部嵌灯，打造温暖舒适的光氛围。

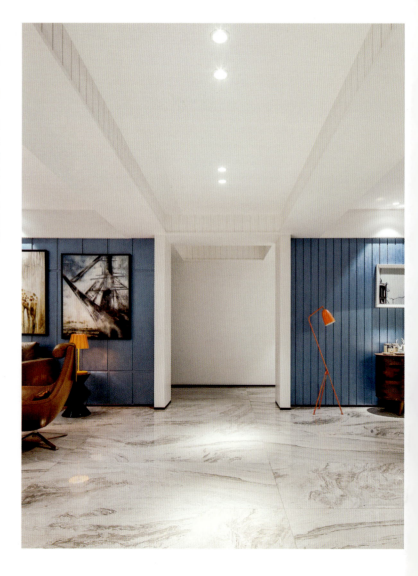

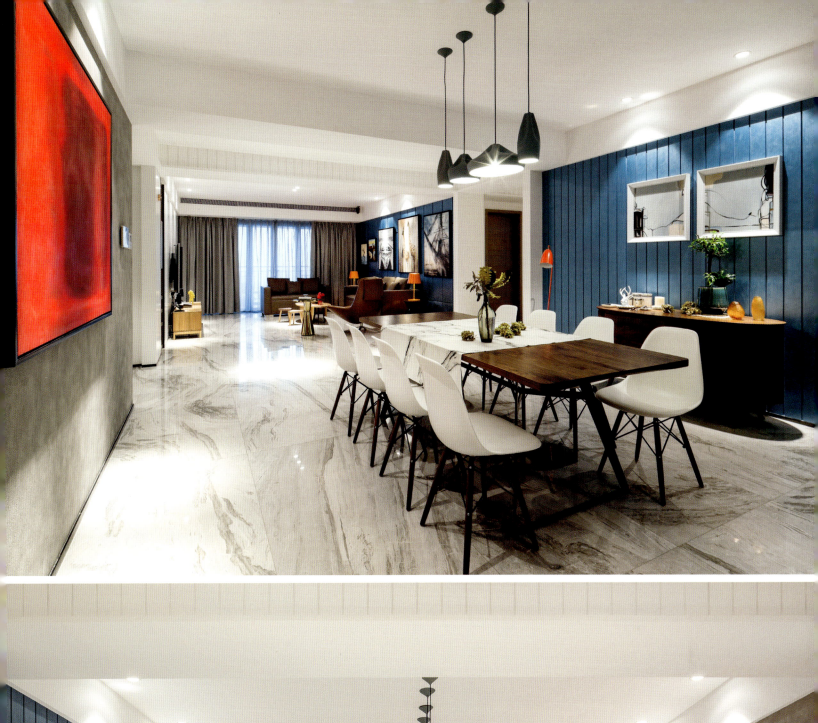

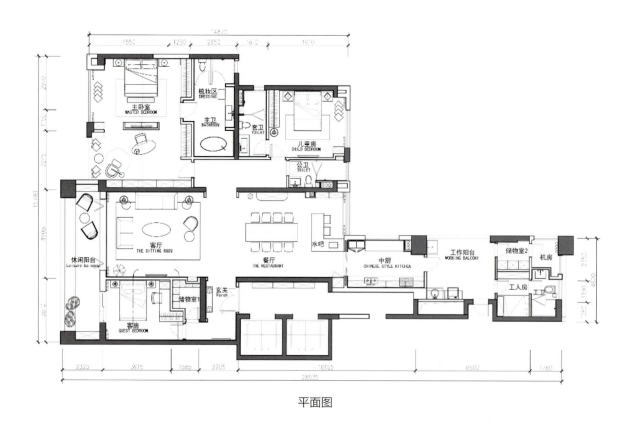

平面图

墨舍|1701

项目名称_墨舍|1701/**主案设计**_谢培河/**参与设计**_纪佳楠、周倩、吴奋达/**项目地点**_广东省汕头市/**项目面积**_400平方米/**主要材料**_科技木饰面、柏玉灰大理石、白大理石大理石、墙布、亚光白漆、大津泥

设计师将空间的塑造与人的行为模式相结合，留心业主的生活习惯和兴趣爱好。在整体的空间布局上，以深浅相宜的笔墨描摹出幽远凝练的基调，明朗干练的硬装构图搭配轻盈圆润的内饰，达到刚柔相济的效果。落实到具体而微的设计细节上，通过艺术画、地面淡灰色天然石、墙体点墨状天然石、定制水墨地毯来烘托墨的气息，为理性的空间形态注入艺术与人文情怀。如此，大见刚，细显柔，虚实相间，直抵纯粹的心境。

40平米的入户阳台，设计师将其打造成业主的接待空间。橡木家具与静气内敛的水墨山水形成呼应，赋予空间古代文墨灵气与现代艺术氛围。材料上的对话与空间的重构，体现主人文雅与艺术的生活情趣。客厅、餐厅与入户花园，空间互相渗透，灰白相映，视线交织。空间多处留白拿捏得恰到好处，打造最贴合主人日常起居的空间尺度。楼梯是设计中的亮点，木盒子作为扶手功能从上而下链接着空间，打破常规的巧思之举增加了空间的趣味性与体验性。主人房是居住中的私密空间，容纳基本的休息功能之外，也供主人享受阳光与红酒，更有挥洒墨趣之地。惬意之中带有浓郁的艺术氛围，享受随心所欲的自在与不羁，真正体现设计为人所用。

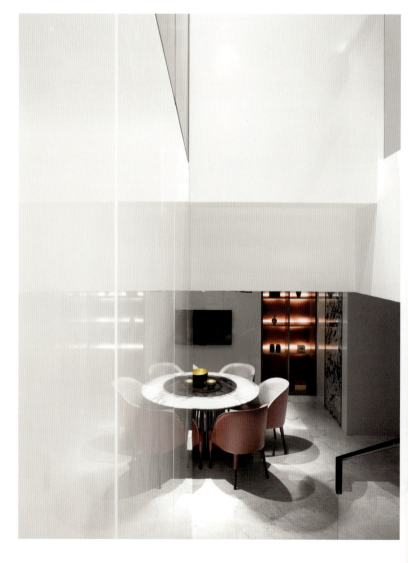

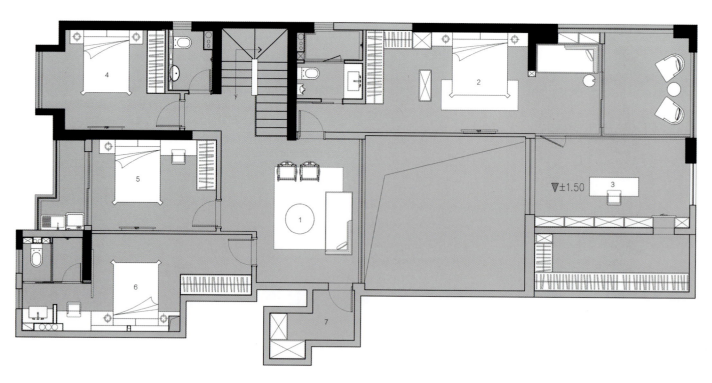

平面布置图

追忆伊斯坦布尔

项目名称_ 追忆伊斯坦布尔 / **主案设计**_ 于月 / **项目地点**_ 四川省成都市 / **项目面积**_189 平方米 / **主要材料**_ 洞石和原木和花砖

设计思路来源于对伊斯坦布尔的回忆。拥有 2700 年历史、横跨欧亚两大洲、历经东罗马和奥斯曼两大帝国的帝都，有太多的故事，太多的回忆，欧亚两种文化在这里并存交融，走在鹅卵石的街道上，博斯普鲁斯海峡游船上凭栏远眺欧亚两大洲，沉醉在蓝色清真寺索菲亚大教堂每天几次此起彼伏的格利高力咏叹调中……伊斯坦布尔是多元的、怀旧的、带一点点忧郁的、神秘的。

一个东西文化交融的，有淡淡感伤的怀旧的空间意境。

客厅中间加一根立柱，把客厅与餐厅分成两个似隔未隔的空间。

选用洞石和原木和花砖来加强空间的交融怀旧感。

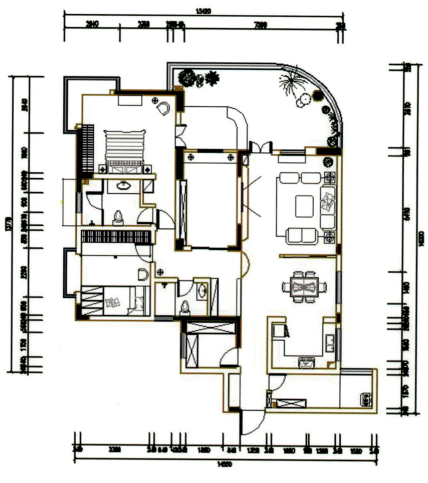

平面布置图

都市森林

项目名称_都市森林／**主案设计**_张奇峰／**项目地点**_浙江省宁波市／**项目面积**_360平方米／**主要材料**_大理石

在别墅的改建过程中，为了与美丽的自然环境相融合，设计师打开了部分墙体，扩大了窗户面积，以开放式的空间设计，给人以开阔的景观视野和舒适的居住体验。简练的线条勾勒搭配通透的设计构成，让整个家充满了阳光般的生活格调。尤其是顶楼的设计，作为自然光线最为丰富的地方，设计师把这里留给了业主儿子，卧室和阳光房的组合给了他自由、光明并且充满生机的空间，大面积的落地推拉门可以自由开合，让卧室和阳光房完美融合，为家融入了更多的自然属性。

设计师将原来与厨房相邻的卫生间功能下放到了楼道夹层中，扩大了整个厨房的面积，并通过隔而不断的吧台和玻璃移门，使厨房和餐厅之间形成了有效的互动，为家庭生活添加更多的可能，让家人们有了更多接触的时间。

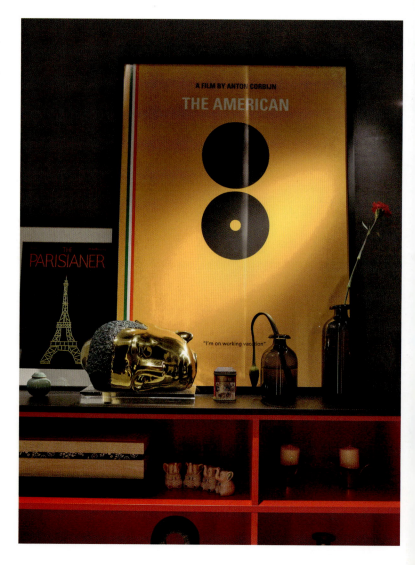

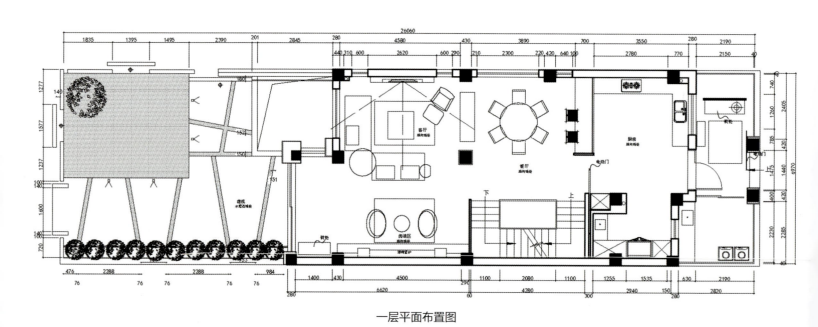

一层平面布置图

新中雅韵

项目名称_新中雅韵 / **主案设计**_郑俊雄 / **项目地点**_广东省潮州市 / **项目面积**_123平方米 / **主要材料**_山水纹石板、环保科技木

本案以新中式设计为主，即是中国传统文化与现代时尚元素的融合碰撞。

色调以冷暖色调相结合。有深厚沉稳的底蕴，给人舒适惬意心情。整体装饰以硬朗简洁的直线条搭配柔和软装体现整体意境。空间具有层次感，在这样的空间场所里自由呼吸，努力让空间和内心高度契合。

细节处部分采用中国水墨山水和陶瓷工艺品来体现中国文化的特点，灯饰又结合现代风格点缀整体空间氛围。卫生间采用了柔和灯光的处理，体现生活方便又结合设计美感。设计既体现了中国文化的底蕴又不失现代感和时尚雅致。

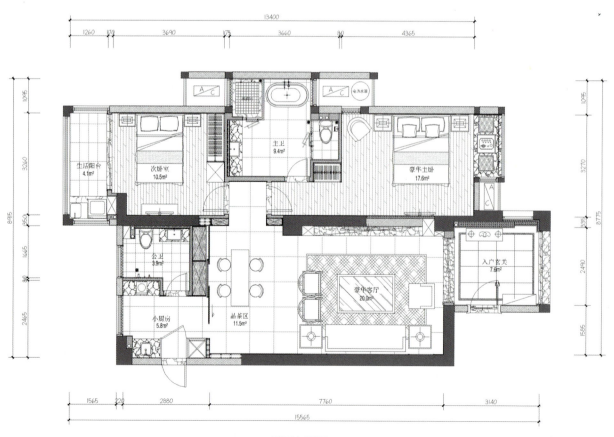

平面布置图

088 住宅公寓 *Residential*

刘宅

项目名称_刘宅 / **主案设计**_郑小馆 / **参与设计**_邓伟斌、杜泳东 / **项目地点**_广东省佛山市 / **项目面积**_177平方米 / **主要材料**_木饰面

设计师郑小馆说："我想要房子这一容器一直'清者自清'，因为容器里面的生活才是最好的色彩！"房子之于中国人，无异于水之于鱼，子宫之于胎儿。家的渴望和安心，已然深深地镌刻进了中国人的基因。带着这样的情愫，设计师为一个三代同堂、六口之家设计了面积约177平米的住宅。整体似中非中、似现代非现代，不被任何一种既定的形式风格所定义，只在乎让心灵与生活对话。

整个房子采用白色、暖灰色和浅木色为主调，三色呼应，营造出了一种宁静致远、清新雅致的氛围。地面采用灰砖，冷墙上是木饰面。木家具给人以绵绵暖意，冷墙散发着森森寒意，意在突出冷暖对比，实现阴阳平衡。跟从北欧实用主义和极简主义，抛弃杂念，去除多余的装饰主义。家具，包括沙发、餐桌均用黑胡桃精雕细琢而成，隐隐透露出一股经年的沉稳踏实，又不失澄净缄默，一如主人翁内敛稳重的风骨。

整个房子的木饰面，都是收纳柜，简单利索还实现了可利用空间，可谓是功能与形式的完美结合。客户在回家后能找到归宿感，这是真善美的至高体验！

平面布置图

一闲居

项目名称_一闲居 / **主案设计**_庄锦星 / **项目地点**_福建省福州市 / **项目面积**_200平方米 / **主要材料**_白蜡木

"行到水穷处，坐看云起时。偶然值林叟，谈笑无还期。"行是随心，坐是闲适，林是幽远，笑是旷达，而禅意，是一种生活方式，更是一种态度与智慧。最合适的设计才是最好的设计。本案业主是一位桃李满天下的告归先生，根据其心境与文化需求，结合现代生活方式与习惯，设计师选用了禅意新中式的设计方案。

禅意新中式，是传统文化的积淀，更是现代设计理念与工艺的升华。一木一瓷一字画，一个先生一杯茶。一春一秋一甲子，一片桃李一闲居。禅意空间之美在取舍，在流年，在意境，更在心境！

结合客厅与餐厅贯通的户型基础，设计师采用了栅格隔断的手法，这样既能保持空间的联系与视野的通透感，又能完成不同功能区之间的相对独立。在功能布局上采用动静分离的思路把卧室和书房空间分离，让书房即可静又可闹。

本案大量采用白蜡木，家具使用打蜡的手法进行处理，保持木头的本色和肌理，让木材表面更自然质朴，木作更加环保健康。

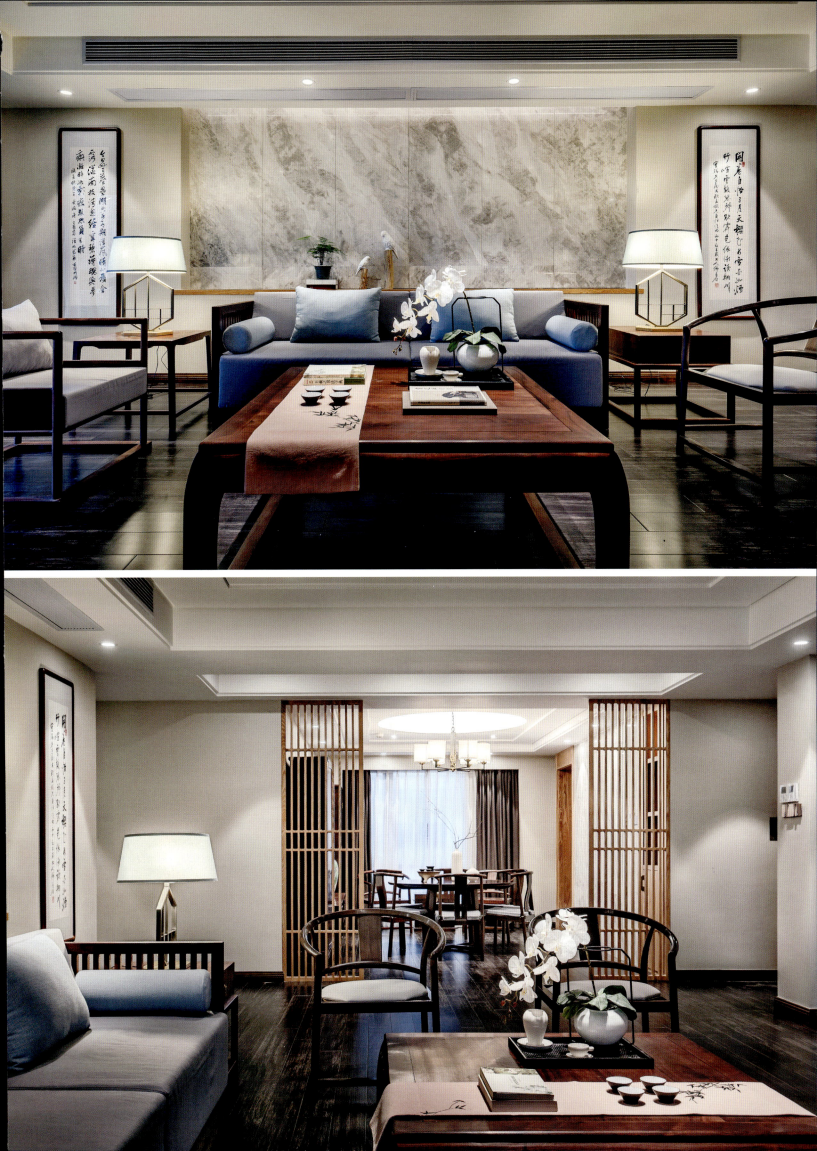

平面图